AF581433

DE LA
DISPARITION
EN FRANCE
DU CHEVAL LÉGER.

DE LA
DISPARITION
EN FRANCE
DU CHEVAL LÉGER,
DE LA
NÉCESSITÉ D'EN AVOIR

Et des moyens d'y faire prospérer cette espèce

PAR

M. J.-B. SABLON,

ANCIEN MEMBRE DU CONSEIL GÉNÉRAL DU PUY-DE-DOME.

Clermont-Ferrand,

IMPRIMERIE DE PEROL, LIBRAIRE,

RUE BARBANÇON, N° 2.

1844.

DE LA

DISPARITION

DU

CHEVAL LÉGER.

Lorsque j'ai écrit en Algérie quelques lignes sur la race chevaline, j'étais inspiré par l'aspect des lieux et la pensée de tous les avantages qu'ils présentent pour l'éducation des chevaux.

Je connaissais les causes auxquelles il faut attribuer la disparition entière des chevaux légers, des chevaux exclusivement de selle, et qui étaient dans ma jeunesse élevés et vendus pour cet emploi.

La question des chevaux a été l'occupation constante de ma vie déjà longue, et qui a traversé les époques mémorables et désastrueuses de l'Empire. Monter à cheval était la passion de ma jeunesse, et plus tard, tout ce qui tient à l'agriculture et à l'économie intérieure d'un pays, a été l'objet de mes études et de mes occupations privilégiées.

Si je n'ai rien dit sur les chevaux de selle et sur les chevaux légers, c'est que je croyais cette question mieux connue; je ne pensais pas qu'on pût l'avoir oubliée. Mes idées se rattachant à l'Algérie pour la création d'établissements propres à l'éducation des chevaux de selle, ma pensée première se rapportait, comme on le voit, à cette grave question. C'est seulement après la publication d'un mémoire sur la race chevaline en Algérie, que des personnes élevées, tout en approuvant le fond de mes idées, ne les ont pas trouvées assez explicites, et m'ont engagé à écrire, à fouiller de nouveau dans mes souvenirs.

Je vais donc bien simplement essayer de rétablir des faits oubliés, et qui tendent à prouver que rien ne résiste à la double faux du temps et de la mode, qui entraînent dans le domaine de l'oubli les meilleures traditions et les plus saines doctrines.

On a laissé passer inaperçu, du moins je ne connais aucun écrit qui ait fait sentir le changement apporté à nos mœurs et à nos habitudes, changement dont le résultat a été de faire négliger en France l'éducation du cheval de selle. En effet, cette révolution s'est accomplie si doucement, elle s'est trouvée en rapport si immédiat avec la nouvelle vie, les nouvelles habitudes et les nouveaux besoins créés autour de nous, que l'on n'a plus songé au passé.

En remontant à une quarantaine d'années, on trouvait encore toutes les parties montagneuses de la France privées de routes, et dès lors employant, pour tous ses moyens de transport, des chevaux de selle ou de bât; le moindre propriétaire avait son cheval, et dans les maisons riches, le maître, la maîtresse et tous leurs gens avaient leur monture, en sorte que le dimanche, si on allait à la messe, pour peu que la distance fût éloignée, il sortait du château, ou de l'habitation aisée, une cavalcade tout entière; les gens moins riches avaient moins de chevaux; mais il fallait être un cultivateur bien pauvre, pour être réduit, dans un pays de montagnes, à faire à pied le moindre voyage. Si ce que je dis paraissait exagéré, je renverrais au temps peu éloigné où M. de Turgot était intendant du Limousin, et l'on verra dans un mémoire qu'il a écrit sur la généralité de Limoges, ce qu'étaient alors en France, et surtout dans ce malheureux pays, les voies et les communications.

Nous avons tous entendu parler des désastres qu'amenèrent les guerres et la fin du règne de Louis XIV; on a été même jusqu'à dire qu'ils furent tels, qu'en France, ils appauvrirent l'espèce humaine et firent baisser la taille d'une manière sensible. Alors, malgré tous les désastres qui affligeaient la France, la race chevaline était si nombreuse, et les pertes qu'elle éprouva furent si promptement réparées que, si les mémoires du temps parlent de quelques achats faits à l'étranger, ils gardent le silence sur la pénurie et la détresse que cela occasionna dans la race chevaline.

Dans ma jeunesse, toutes les questions de l'agriculture se rattachaient à celle des chevaux. J'entendais parler souvent des services qu'ils rendaient, de la supériorité de nos races sur celles de nos voisins et des causes auxquelles on les attribuait.

Comme je l'ai dit, le pays, privé de routes et de canaux, était obligé, pour ses rapports et ses communications, d'avoir des chevaux de selle, et même à une époque qui n'est pas éloignée, dans la majeure partie de la France, tous les travaux de l'agriculture, tous les transports et tous les déplacements se faisaient à dos; dès lors pas de nécessité d'avoir des chevaux à forme osseuse, à forte charpente; on devait tenir à utiliser ceux du pays, dont les formes, la souplesse et la légèreté présentaient tant d'avantages. La tradition fait remonter l'espèce chevaline et les soins dont elle avait été l'objet, à des temps forts reculés; les Croisades et le retour des chevaliers, sont des époques dont on a conservé le souvenir, et qui se rattachent à l'amélioration de la race chevaline. C'est probablement aux souvenirs de ce temps, transmis jusqu'à nous, qu'on doit attribuer l'idée généralement répandue, que les chevaliers et gens de haute lignée avaient seuls le don, le privilége de mieux entendre que qui que ce fût tout ce qui avait rapport aux chevaux, et toutes les questions qui s'y rattachaient. De cette idée, de cette manière de voir exploitées au profit de l'aristocratie, il en résultait cet avantage, qu'elle mettait un prix extrême à conserver cette croyance, qu'elle faisait des frais et tâchait d'acquérir les connaissances les plus utiles.

La France, dans la plus grande partie de son territoire, n'avait et ne pouvait utiliser que des chevaux de selle, et de là l'idée répandue et conservée jusqu'à nos jours, qu'un cheval de voiture ne pouvait, dans aucun cas, faire un cheval de selle. Les qualités que l'on regardait comme indispensables dans ces derniers, qui sont une extrême liberté dans leurs mouvements, une grâce, une flexibilité dans l'encolure, une force et une légèreté d'action jointes à la plus grande solidité, enfin, une sensibilité physique telle que jamais on n'avait songé à l'attribuer aux chevaux de voiture, dont la charpente osseuse, les formes rondes et lymphatiques paraissaient totalement étrangères aux gracieuses et nobles qualités, si je puis m'exprimer ainsi, qui distinguaient nos belles races françaises.

Le cheval, comme on le sait, est essentiellement une création des pays chauds. C'est là que se trouve le type régénérateur, et c'est sous le rapport du climat, qu'à soin égal, qu'à intelligence égale, dans l'éducation des chevaux, on trouve des avantages énormes, et en dehors de toutes proportions en faveur de la race et des qualités qu'on lui attribue. Je veux parler de l'ancienne supériorité qu'avaient acquise ceux de la France sur ceux de nos voisins du Nord.

Les chevaux de selle de nos contrées n'avaient pas de poils aux jambes, conservaient dans leurs formes, dans leur physionomie, et surtout dans leurs allures, une partie de la légèreté, de la grâce et du courage qui distingue la race arabe

Ceux de nos voisins, au contraire, qui avaient eu

les mêmes chances que nous, pour y apporter et conserver les mêmes améliorations, n'en avaient pas retiré les mêmes avantages; leurs chevaux, élevés dans des pays froids, humides, avaient généralement plus de taille, des formes osseuses, des pieds énormes, de grosses têtes et des encolures fixes. J'observe que je parle des chevaux tels qu'ils étaient chez nos voisins avant la révolution de 89; et si je veux établir la supériorité des chevaux de France sur ces espèces, c'est essentiellement à ces contrées montagneuses, à la nourriture et au climat que j'entends attribuer tous ces avantages. J'ai parlé de nourriture et de climat pour la race chevaline, on sera peut-être étonné de cette assertion : il me semble qu'elle est juste, et voici sur quoi je l'appuie. Il est à ma connaissance que des poulains de la Bresse et de la Franche-Comté, transportés très-jeunes dans le midi de la France, à quatre ans révolus, n'étaient pas reconnaissables. J'avais vu les mères et les poulains, et lorsque quelques années après on m'a montré ces mêmes produits élevés sous un autre climat, n'ayant pas conservé de poils aux jambes et ayant pris entièrement les formes et le caractère de ceux du pays, j'ai été amené à penser que la France devait essentiellement à l'influence de son climat et de ses parties montagneuses, l'ancienne réputation de supériorité qu'avait autrefois sa race chevaline.

Comme on le voit, le cheval léger surtout était l'annexe indispensable de l'existence de nos pères, et le peu de communications que des besoins réciproques commandaient, se faisaient à cheval.

Les guerres, les querelles, qui surgissaient entre les grands, et qui se vidaient par les armes, les immenses ténements attribués aux églises, aux patrimoines des grands feudataires, tout se réunissait pour étendre l'importance et faire sentir le besoin d'avoir de bons chevaux. La population était moins nombreuse, la majeure partie de la France était couverte de bois, ou formait de vastes pacages; dès lors tout concourait à offrir des avantages qui eussent été perdus si l'on ne s'était occupé de l'éducation des chevaux.

La révolution de 89 nous trouva dans l'état que je viens d'indiquer. On comprendra alors toutes les ressources qu'offrait le pays pour la cavalerie. Aussi, malgré toutes les pertes et tous les désordres inséparables de luttes soudaines, de résistances improvisées (auxquelles dans le principe, pour le plus grand nombre, ne se rattachaient que des idées d'indépendance et d'affranchissement), la France suffit à tout; le courage de ses enfants et ses ressources intérieures furent centuplés par la présence de l'étranger et la honte qui s'y rattachait. Des souvenirs de malheurs et l'espoir du plus brillant avenir, vinrent encore exalter le plus généreux dévouement.

Les sacrifices, les pertes furent énormes; il fallut souvent les réparer, et le pays, admirable de ressources et de patriotisme, suffisait à tout.

Nous arrivons à l'Empire, et la France, jusque-là, avait fait face à tous ses besoins. A cette époque, deux causes ont contribué à anéantir notre précieuse race chevaline: les guerres continuelles qui détruisaient tout, d'une part; et de l'autre, cette ère nouvelle dans nos besoins et nos mœurs, qui en créant des routes, en améliorant les communications, ont affranchi l'homme du besoin impérieux et de tous les moments qu'il avait du cheval. Dès lors de nouvelles habitudes se sont impatronisées et ont poussé des racines successives dans tous les pays où l'on ouvrait des communications. Alors nos besoins ont changé, et les conséquences de ces besoins ont fait perdre d'anciens usages; elles ont eu pour résultat de remplacer le cheval léger par le cheval de voiture et la diligence. Un pareil changement devait être fatal à la race chevaline. En effet, elle le lui a été plus qu'on ne pouvait le supposer alors, puisqu'elle a causé sa disparition totale. Comme je l'ai dit plus haut, les anciennes croyances attribuaient à l'aristocratie des connaissances spéciales et presque exclusives en chevaux; que cela tienne à cette cause, au besoin, ou au désir de se la rattacher, il est certain que sous l'Empire, lors de la réorganisation des haras, presque toutes les places de cette administration lui furent données. On n'en fut pas jaloux : généralement on la croyait capable, et l'on voyait pour elle, dans cette faveur, la réparation des maux d'une époque qui lui avait été désastreuse; et disons-le, dans cette circonstance, ses souvenirs, son amour-propre et nos intérêts se trouvaient d'accord. On n'avait pas d'autres idées. En effet, qui se serait permis de les controverser? La tradition et tout ce qu'on savait d'autrefois présentaient le cheval arabe comme le type régénérateur auquel il fallait tout attribuer. Nous étions encore retrempés dans ces vieilles idées par le retour récent de nos preux d'Egypte. Les chevaux qu'ils en avaient ramenés étaient d'une rare beauté, et tout le monde sait qu'à cette époque la France eut pour ses races chevalines un moment d'espérance.

On se rappelle tous les bons effets qu'ils produisirent. En 1815, sur plusieurs points de la France, on trouvait encore des produits, venant de cette origine, de la plus grande beauté, et possédant les qualités les plus précieuses. Plus tard les idées ont changé; l'anglomanie a envahi nos vieilles traditions; sous l'empire, elles étaient confiées à des mains conservatrices; mais que sais-je? la mode, peut-être des idées de reconnaissance, ont amené cette manière de voir.

Il est certain qu'elles ne furent point unanimes, et qu'à plusieurs reprises, j'entendis des plaintes sur le dommage énorme qui devait résulter pour la France d'un semblable système. Je me rappelle combien ce spectacle fut douloureux pour plusieurs. Quoi! se disaient-ils, cette malheureuse révolution engloutira donc tout! nos chevaux, nos races arabes, auxquels tant de souvenirs de gloire et de conquêtes rattachaient la France, se perdront aussi, et c'est nous, et c'est par nos mains que s'accomplit ce suicide!

Nos nouvelles idées et les besoins qu'elles traînaient à leur suite firent justice de toutes ces doléances.

Le système anglais prévalut, nos vieilles et bonnes traditions, oubliées par ceux qui devaient les défendre, se trouvèrent complétement délaissées et ne furent conservées dans le domaine des souvenirs que par un petit nombre d'adeptes. Ce changement de système, cette anglomanie, qui plus tard devait porter des fruits désastreux, coûta des sommes énormes. Je n'ai pas à ma disposition les éléments pour le prouver, cela sort d'ailleurs du but que je me suis proposé, et sur ce point, je n'ai pas crainte de voir cette assertion démentie. Je parlerai seulement de tous les mécomptes qu'a amenés cette manière de faire; ils ont été tels qu'ils ont causé en France la perte totale du cheval de cavalerie légère.

Cette tradition de l'Empire, à laquelle on avait applaudi et qui eut pour résultat d'appeler dans cette administration quelquefois des hommes incapables et qui lui étaient complétement étrangers, fut encore aggravée. L'on mettait si peu d'intérêt aux connaissances spéciales qu'exigeaient les emplois, qu'un homme honorable, qui avait long-temps figuré dans nos assemblées législatives, privé d'emploi, devait être employé dans les haras, mais on raconte que sur l'observation qu'il était vieux, il fut placé dans l'instruction publique.

A cette époque, le maréchal Saint-Cyr forma les dépôts de remonte. Cette idée, bonne en elle-même, et dont il ne lui a pas été donné de développer toutes les conséquences, a cependant survécu jusqu'à ce jour.

Très-peu de temps après son ministère, je le vis au Mont-Dore; il me parlait souvent de la cavalerie et des impossibilités qu'il prévoyait. « Augmentez, lui disais-je, le prix, mettez-le en rapport avec les autres produits de l'agriculture, débarrassez le plus tôt possible l'éleveur du cheval léger, de celui dont il ne peut tirer aucun service, jusqu'à l'âge de quatre ans; à ces conditions vous aurez des chevaux. On ne peut plus, M. le maréchal, comme autrefois, faire entrer en ligne de compte les services de la mère et ceux du poulain ; le morcellement des propriétés, l'ouverture de nouvelles routes, la facilité de nos communications, qui avant peu se feront toutes sur roues, interdisent de le penser ainsi et appellent de nouvelles idées. » Avec cette intelligence et cet esprit qui lui étaient particuliers, il appréciait ces raisons, qu'il ne lui pas été donné de faire fructifier; le mal alors était grand, mais on trouvait des chevaux à acheter, et cette tradition de nos pères, et cet amour de la race chevaline se conservaient malgré les déceptions dont elle était l'objet. Nous aimions les chevaux et nous espérions des encouragements. On se défait si difficilement de ses vieilles habitudes, qu'il a fallu des pertes nombreuses et réitérées pour ouvrir les yeux à nos populations montagneuses.

Ce que je viens de dire, ce délaissement de nos intérêts se rapporte essentiellement à la restauration. Le gouvernement, depuis, a eu tant à faire, et il est si commode de marcher dans une voie frayée, qu'insensiblement, pour les chevaux de selle, nous avons tout perdu.

L'administration de la guerre et celle des haras marchèrent sans s'en douter dans la même voie, sans prévoyance. L'une, ne voyant pas la révolution qui s'accomplissait autour d'elle, donna la main à la destruction du cheval léger, et ne fit rien pour en arrêter les progrès ; l'autre, qui aurait dû se plaindre, et faire entendre bien haut ses réclamations, ne leur donna pas le retentissement et la direction convenables, et mit dans le prix des chevaux une telle parcimonie, que le pays, après bien des sacrifices, après bien des déconvenues, fut contraint d'y renoncer.

Plus tard, ces deux administrations se sont accusées, l'une d'ignorance et l'autre de parcimonie ; en effet, si l'administration des haras, fidèle à ses vieilles doctrines, à l'enseignement du passé, aux traditions vers lesquelles la poussaient ses souvenirs de gloire toute française, eût dépensé à acheter des étalons arabes une partie des sommes employées à l'acquisition de chevaux anglais, il nous resterait quelque chose, et nous aurions conservé parmi nous le germe de ces précieux produits.

Au ministère de la guerre, si on avait vu les causes qui devaient amener l'anéantissement du cheval de cavalerie légère, on aurait cherché d'où venait le mal, et on se serait déterminé à en augmenter le prix.

Qu'il me soit permis de montrer combien a été onéreuse pour nous la misérable économie faite sur les chevaux de cavalerie légère.

Prenons une période de vingt ans, pendant laquelle je suppose que le gouvernement ait eu un besoin annuel de deux mille chevaux légers ; portons-en le prix à 660 fr. Si aujourd'hui on le trouvait élevé, il y a vingt ans, il eût été exorbitant. On aurait fixé dans chaque localité approximativement le nombre des chevaux qui pouvait être fourni, afin que de part et d'autre on sût sur quoi compter. La confiance qu'on porte au gouvernement, et la bonne foi qui préside à ses engagements, auraient tout fait aller au mieux.

En portant le prix à 660 fr., j'ai voulu laisser une large part à la controverse; disons-le, alors notre argent n'eût pas été à l'étranger; nos chevaux durent plus long-temps que ceux de nos voisins; ils sont sujets à moins de maladies. A ces avantages, si nous les avions conservés, il faudrait joindre celui de ne pas avoir désenchanté nos populations du service de la cavalerie, et sans crainte d'être démenti, je crois pouvoir avancer qu'on aurait encore trouvé de l'économie.

Deux mille chevaux à 660 fr., font 1,320,000 fr. Sacrifiant la qualité, pour obtenir une économie, on a dû avoir des chevaux pour 440 fr., différence deux cent vingt fr., qui, pour deux mille chevaux, donne 440,000 fr.

Ce capital, multiplié par vingt, forme pour vingt ans un boni de 8,800,000 fr.

Je n'ai pas le moyen de contrôle, mais je le demande aux hommes spéciaux, était-il possible de faire une part plus large, et de mettre plus de bonne foi dans mes suppositions?

Qu'est-ce qu'une économie, dans vingt ans, de

8,800,000, en regard avec les conséquences qui en sont résultées pour le pays ?

N'est-il pas reconnu que le plus grand nombre des chevaux achetés dans le Nord, sont complétement dépourvus des qualités qui constituent le cheval de cavalerie légère, et que c'est essentiellement à cette cause que l'on doit la désaffection de nos populations pour la race chevaline ? Les bons chevaux que nous achetons, et encore dans une très-faible proportion, ne sont-ils pas l'exception ? Leurs formes osseuses, et leurs mauvaises charpentes n'appartiennent-elles pas presque toujours au cheval de charrette ? Nés dans les pays froids et humides, ils ont des pieds énormes, et leur organisation est tellement en désaccord avec celle qui constitue le cheval léger, qu'il est facile de reconnaître qu'ils ont été créés pour une autre destination. C'est le plus souvent au manque de nourriture, à des maladies ou à des accidents de leur jeunesse, qui en ont réduit la taille et amoindri les formes, que nous devons les chevaux qui nous viennent de l'étranger.

Je ne crois pas exagérer en disant qu'un quart est à réformer avant d'avoir rendu des services; mais le grand abus de cette manière de faire est de porter sur les cadres une force numérique qui n'existe pas, et qu'on ne peut utiliser. En général, les chevaux du Nord (à part ceux des parties montagneuses) ont les côtes plates, les hanches saillantes, et sont, plus que les nôtres, sujets à se blesser. Il est aussi reconnu qu'ils durent moins, qu'ils ne conservent pas aussi long-temps cette liberté, cette flexibilité dans les articulations qui sont particulièrement les qualités distinctives appartenant aux races des pays chauds. Comme on le voit, voilà bien des raisons qui doivent faire apprécier cette économie de 440,000 fr., et en contrebalancer tous les avantages.

En Europe, autrefois, on citait notre cavalerie légère; les Alsaciens et les populations de nos montagnes étaient renommés pour l'affection qu'ils portaient à leurs chevaux. Elevés dans le même pays, appartenant, si je puis m'exprimer ainsi, à une population de cavaliers, tout dans leurs contrées les portait vers l'éducation des chevaux; elle y était en honneur, et l'homme s'attachait à sa monture, il la soignait, il avait pour elle l'attachement que l'on doit au compagnon inséparable de son existence, à celui avec lequel il doit courir les plus grands dangers.

Anjourd'hui, joignez à la nécessité, à la contrainte, l'amour propre du soldat, du soldat français, qui raisonne, et vous verrez si dans beaucoup de cas on n'a pas dû des accidents, des pertes de chevaux, je ne dis pas au manque d'affection, mais à la haine que le soldat portait à son cheval.

Je suppose, et cela arrive souvent, qu'un militaire tombe sur un cheval conformé comme je l'ai indiqué, ayant l'encolure courte et fixe, les côtes plates, les hanches saillantes, une grosse tête, les oreilles basses, les genoux en avant ou en arrière, n'ayant point de garot; il a la tête lourde, et manque de solidité, sous très-peu de jours ordinairement il est blessé (conséquence obligée de sa mauvaise conformation), alors voilà ce malheureux soldat contraint de traîner son cheval. A-t-on bien réfléchi à tout ce que ce tableau présente d'affligeant? Et l'on veut que des hommes, dans un métier d'abnégation, conservent leurs idées d'autrefois et leurs vieilles affections!

Dans l'ancien régime, l'enrôlement était volontaire, aujourd'hui, c'est le sort qui peuple les régiments. J'apprécie pour le pays tous les avantages qui se rattachent à ce nouveau mode, mais il est incontestable que, pour le service de la cavalerie, il faudrait que l'inclination fût recherchée : il y a tant de circonstances où l'homme est isolé, et où le devoir et l'intimidation ne peuvent suffire! Un conscrit, en devançant le départ, choisit le corps où il veut entrer, mais peu usent de cette faculté ; d'ailleurs, il est démontré que le service de la cavalerie n'est plus dans nos mœurs, que les soldats, aux peines et à l'abnégation constante qu'exige les soins d'un cheval, n'y trouvant plus de compensation, n'y entrent, à un très-petit nombre d'exceptions près, que comme contraints. En effet, quelle sympathie, quelle affection pourraient-ils conserver pour une race abâtardie, qui entre avec si peu d'intelligence dans le cercle de ses besoins et de ses affections?

Si le gouvernement a vu le changement qui s'opérait dans nos mœurs et nos habitudes, il est certain qu'il n'a rien fait pour paralyser le mal et en arrêter les progrès.

Un fait dont je veux parler, et sur lequel tout le monde s'accorde, c'est celui de l'anéantissement du cheval léger, et de l'absolue nécessité d'en rappeler l'espèce. Auparavant, je vais dire un mot du cheval anglais, du cheval de course (1), de sa destination, des services qu'il rend et peut rendre, de l'influence fatale qu'a exercée, et qu'exerce encore sur nos habitudes, la mode, que rien au monde ne devait rendre ici semblable à celle de nos voisins d'outre mer.

Les Anglais, lorsqu'ils ont un but, ou qu'ils veulent arriver à un résultat, en supportent toutes les conséquences; ils sont admirables dans l'intelligence et la patience qu'ils mettent à en subir toutes les vicissitudes. Ce pays, celui de l'aristocratie, du privilége et de la grande fortune, il lui fallait des plaisirs qui lui appartinssent, et qui fussent, si je puis m'exprimer ainsi, la conséquence de sa position sociale privilégiée. En général, rien au monde n'a un prix pareil aux choses que nous avons créées, surtout lorsqu'elles font des envieux, et ne peuvent être que la propriété d'un petit nombre. Si plus tard cette passion a grandi, si elle s'est développée, c'est au jeu, au jeu de hasard, proscrit chez nous, que chez nos voisins elle doit aujourd'hui sa plus grande faveur.

Si l'on demandait à quoi servent les chevaux de

(1) Je fais observer que c'est seulement du cheval de course, de celui qui a coûté tant de soins, et auquel on attache un si grand prix, que je veux parler. Je sais qu'en Angleterre, on élève dans ses parties montagneuses un petit nombre de très-bons chevaux propres à la cavalerie légère.

course en Angleterre, on pourrait répondre : A entretenir cet amour immodéré du jeu qui n'est poussé nulle part aussi loin que chez nos voisins.

Si, appliquant toutes ces considérations et toutes les idées qu'elles font naître, et celles qui se rattachent à une grande fortune, je restreignais mon blâme, et je disais que ce qui convient à un pays ne convient pas à un autre, que les plaisirs de quelques-uns sont l'exception, alors il n'y aurait pas de raison pour généraliser, et je me consolerais en pensant qu'une grande nation met peu d'intérêt à copier chez elle les habitudes et les plaisirs de ses voisins.

Dans les temps anciens, on regardait comme une preuve de décadence et un signe de désaffection pour son pays, ces goûts de luxe et de plaisirs importés de l'étranger. Je n'ai pu m'empêcher d'exprimer un blâme sur une manière de faire que notre ignorance et notre peu de fortune nous fait imiter si imparfaitement.

Je ne crains pas de le dire, le mal, c'est que de haut, on soit entré en aveugle dans cette manière de faire, et qu'on l'ait encouragée. Qu'une société, que des particuliers fondent des prix, donnent des encouragements, qu'ils cherchent à faire entrer dans telle ou telle voie, rien de plus simple, rien de plus ordinaire; mais que ceux qui ont charge de nous éclairer, de nous montrer les meilleures voies, s'égarent, c'est déplorable.

Le gouvernement, en créant des courses, en donnant des prix, en propageant par tous les moyens, les goûts de luxe et de dépense qui se rattachent à cette manière de faire, est-il entré dans une voie utile qu'appelaient l'instinct et les intérêts du pays? Va-t-elle à la fortune? est-elle en harmonie avec notre organisation sociale? tend-elle à propager le goût des chevaux et à en améliorer l'espèce?

A toutes ces questions, le temps et l'expérience ont répondu d'une manière incontestable. Nous n'avons plus de chevaux légers, nous avons des chevaux de course et de voiture. A quoi servent les chevaux de course? A courir deux ou trois fois par an. Pour les monter, il faut une force athlétique, et qui demande des préparations hygiéniques. Ces chevaux, par les soins dont ils sont l'objet, et les dispositions particulières dont on a cherché à pourvoir leur organisation, peuvent-ils être employés à nos besoins journaliers? Cela me paraît difficile. Ils sont dépourvus de la solidité nécessaire aux chevaux de selle, et ils ont les mouvements si durs, qu'on ne peut les supporter aux allures vites, qu'en s'enlevant sur les étriers, pour échapper aux réactions. Pour la voiture, ils sont trop fins, ont les épaules trop plates; la forme de leur derrière et leur conformation les rend fort difficiles à maîtriser. Toutes les qualités vers lesquelles on a poussé leur organisation, se trouvent en opposition avec celles que demandent nos besoins journaliers, et qu'on exigeait autrefois du cheval de cavalerie légère : c'est une grande souplesse, une extrême légèreté; on les voulait un peu assis, sans pour cela être sur les jarrets, et il fallait qu'ils joignissent à toutes ces qualités une grande solidité. Autrefois, on voulait des chevaux pour les hommes, on voulait qu'ils pussent marier leur existence et se porter un mutuel secours.

On dit qu'au ministère de la guerre on est effrayé des pertes et de la consommation annuelle que nous faisons en chevaux, et surtout en chevaux légers. Que des hommes sérieux s'occupent de cette question et qu'ils en recherchent les causes; qu'ils lisent attentivement cet écrit, où je crois en avoir indiqué plusieurs.

Aujourd'hui, on doit sentir plus que jamais les besoins des mêmes qualités. Lorsque j'ai écrit sur la race chevaline en Algérie, j'étais vivement préoccupé de tout ce que je viens de dire; la crainte d'être trop long m'avait fait garder le silence. Si je me suis plaint du peu de sollicitude et de la mauvaise direction qu'on avait donnée à la race chevaline, j'ai moins voulu exprimer un blâme sur cette manière de faire qui avait porté ses fruits, qu'appeler l'attention sur les dangers de notre position et sur les moyens de l'améliorer.

Encore un mot sur les circonstances qui m'ont démontré toute l'importance qui se rattache à la question des chevaux.

En 1840, je fus chercher la santé sous un ciel étranger et plus tempéré que le nôtre; des bruits de guerre, et plus encore ceux qui se rattachaient à nos projets de défense, occupaaient vivement les esprits; je fus frappé de l'irritation qu'occasionnait le projet de fortifier Paris.

Rentré en France, je trouvai la question des fortifications jugée généralement avec défaveur. On me demandait quelquefois, après avoir vivement exposé le blâme dont on frappait ce projet, ce que j'en pensais. Je me bornais à rendre mes impressions, et celles qu'elles excitaient chez nos voisins ; j'y voyais surtout pour la France l'occasion d'énormes dépenses, faites et absorbées sur le même point, et qui devaient contribuer à augmenter encore une importance si fatale à nos localités.

Plus tard, la création de grandes lignes de chemins de fer, aboutissant toutes à un centre commun, ont contribué à donner à notre capitale une telle importance, elle prend tous les jours un développement si prodigieux et en dehors de toute proportion, que c'est seulement alors que m'ont apparu pour la France les avantages qui devaient se rattacher à un immense centre fortifié.

Mais je le demande, avec cette nouvelle ère, avec cette nouvelle modification dans notre système de guerre et de défense, ne faut-il pas plus que jamais que la France se suffise, et que, conséquente avec elle-même, elle trouve dans son système tous ses moyens de défense? Après avoir effrayé le monde du bruit de nos exploits, nous sommes peut-être de toutes les nations qui nous avoisinent la plus oublieuse.

La forme de notre gouvernement a fait surgir au milieu de nous une population non moins bruyante, mais par trop étrangère à nos habitudes et à nos mœurs d'autrefois.

Ce n'est pas de la crainte que j'ai voulu semer, ce sentiment n'a pas de racines parmi nous; j'ai voulu seulement jeter en avant un jalon indicateur. Pour dernière observation, et comme conséquence de ce que j'ai écrit, je me bornerai à émettre le vœu que le gouvernement s'occupe en Algérie, le plus possible, de la question des chevaux; qu'elle devienne l'objet de ses études et de ses méditatious les plus sérieuses; que l'on forme dans le midi de la France (dans la Camargue et la Corse) des annexes aux établissements d'Afrique, où l'on pourrait tous les ans transporter un certain nombre de jeunes chevaux donnant l'espérance, et pour la taille et pour les formes, d'atteindre les qualités exigées du cheval de cavalerie légère.

Que le gouvernement sorte de la voie funeste des courses et des chevaux anglais; qu'il cherche des étalons pour perpétuer et améliorer nos belles races de chevaux de voiture, dans les chevaux du pays et dans ceux provenant de nos espèces croisées avec le sang arabe; que le saut du cheval soit gratuit; que le prix du cheval léger soit augmenté; qu'un petit nombre de chevaux soient réservés pour la production à nos parties montagneuses; que des chevaux arabes remplacent partout ceux qui existent et qui sont défectueux; que les juments soient primées, et que les propriétaires soient tenus de les conserver jusqu'à ce que leur réforme aura été jugée nécessaire. Avec ce système, avant très-peu de temps, nous aurons en France un certain nombre de très-bons chevaux qui viendront s'accroître de ceux de l'Afrique, et nous mettrons en concurrence ces deux productions.

Qu'on ne perde pas de vue que si l'extrême vitesse chez le cheval est attribuée à son derrière, on doit à son devant ses plus gracieuses et ses plus précieuses qualités; mais en général, c'est à l'accord parfait de cet ensemble de l'organisation, qu'il faut attribuer ses meilleurs services, que les soins et l'étude permettent à l'homme de modifier.

Je résume cet écrit, qui doit fixer l'attention de tous les hommes sérieux. J'ai rappelé ce qu'était la race chevaline avant la révolution de 90; les circonstances qui, à cette époque, plus particulièrement rattachaient l'homme au cheval et en faisaient une nécessité de son existence; les phases diverses que nous avons parcourues depuis cette révolution, qui toutes ont contribué, et par la guerre et par l'ouverture de nombreuses communications, à changer complétement nos habitudes. J'ai rappelé qu'autrefois on élevait dans les parties montagneuses de la France, surtout dans l'Auvergne, le Limousin, le Rouergue, le Quercy et toutes les parties montagneuses des Pyrénées, une grande quantité de chevaux propres au service de la cavalerie légère. Aujourd'hui, je puis affirmer qu'à part un très-petit nombre de chevaux élevés dans les Pyrénées, il ne se fait pas dans tout le reste du pays de chevaux destinés pour cet emploi, et que si par hasard il s'en trouve, c'est aux accidents de leur jeunesse qui en ont amoindri les formes, qu'il faut les attribuer. En Auvergne, il y a déjà long-temps que notre ancienne race est perdue, et si parfois il surgit un poulain de taille, il provient presque toujours de juments qui y avaient été amenées dans leur jeunesse, et qui se trouvaient pleines; elles appartiennent d'ordinaire aux races les plus défectueuses des Ardennes, du Nivernais et des parties les plus pauvres et les plus marécageuses de la Bretagne et du Bourbonnais.

Dans le Cantal, à part un très-petit nombre de particuliers dont la fortune a été assez considérable pour surgir et résister aux chances désastreuses des courses, on ne trouverait pas un seul éleveur, un seul cultivateur d'autrefois qui ne vous parle des déceptions et de la ruine que la race chevaline a amenée dans sa famille. Quand je cite ces faits, c'est qu'ils me sont connus, qu'ils ont frappé sur moi particulièrement, et qu'ils entrent dans le cercle de ce que j'ai fait et de ce que j'ai le plus aimé.

Ce que j'ai dit autrefois, je le répèterai encore aujourd'hui : si le gouvernement veut des chevaux, il faut qu'il les paie : plus d'encouragement illusoire, un prix positif et en rapport avec les autres produits de l'agriculture; à ces conditions nous aurons des chevaux.

www.ingramcontent.com/pod-product-compliance
Lightning Source LLC
LaVergne TN
LVHW050506160826
845677LV00003B/977

* 9 7 8 2 3 2 9 6 1 7 9 7 8 *